超級工程 MIT 05

把水留住的曾文水庫

文　　黃健琪
圖　　吳子平

社　　長　　陳蕙慧
總 編 輯　　陳怡璇
副總編輯　　胡儀芬
責任編輯　　胡儀芬
審　　訂　　鍾文貴
美術設計　　鄭玉佩
行銷企畫　　陳雅雯、余一霞

出　　版　　木馬文化事業股份有限公司
發　　行　　遠足文化事業股份有限公司（讀書共和國出版集團）
地　　址　　231 新北市新店區民權路 108-4 號 8 樓
電　　話　　02-2218-1417
傳　　真　　02-8667-1065
E m a i l　　service@bookrep.com.tw
郵撥帳號　　19588272 木馬文化事業股份有限公司
客服專線　　0800-2210-29

印　　刷　　凱林彩色印刷股份有限公司
2023（民 112）年 2 月初版一刷
2024（民 113）年 4 月初版三刷
定　　價　　450 元
I S B N　　978-626-314-371-5

國家圖書館出版品預行編目（CIP）資料

超級工程 MIT. 5, 把水留住的曾文水庫 / 黃健琪文 ； 吳子平圖.
-- 初版, -- 新北市：木馬文化事業股份有限公司出版：遠足文化事業股
份有限公司發行，民 112.02
面； 公分
ISBN 978-626-314-371-5 （平裝）
1.CST: 水庫 2.CST: 水利工程 3.CST: 通俗作品
443.6　　　　　　　　　　112000413

超級工程
MIT
05

把水留住的曾文水庫

文/黃健琪　圖/吳子平

在我們成長的年代，台灣仍在進步中，我們只能看著國外的紀錄片、國外翻譯進來的書，讓我們知道國外的偉大工程是怎麼做到的。

我曾看過一部關於明石大橋的紀錄片，印象非常深刻。裡頭提到，當地原本多靠船運，溝通淡路島與神戶，但經過幾次數百人的船難，大量學童溺死後，日本民意強烈要求興建專屬橋梁，提供一條安全回家的路。

明石大橋建造過程中，還遇到規模 7.3 的阪神大地震，震央離工地僅 4 公里，不過事後檢查，橋墩沒有受損，只是位移。修改路線讓橋長增加 1 公尺，地震 3 年後，依然順利完工。

我當時就覺得，像這種認識到自己生活環境的問題，努力去思考怎麼解決，一邊解決的過程中，又遇到新的問題，再繼續思考怎麼解決，正是工程的核心精神。

斜張橋之於台灣，就是類似的概念。這幾年，在路上開車，越來越常看到這種造型獨特的斜張橋，只覺得特別，一直不知道為什麼。

看了超級工程 MIT 系列的《跨越高屏溪的斜張橋》才知道，原來斜張橋的特色是：大跨徑、造型獨特、工程難度略高，但造價合理，且維護費用可負擔，很適合現在的台灣。

至於建造過程中，那些超大跨徑橋面、超長的強力鋼索，到底是怎麼吊上去的，超高的水泥塔柱又是怎麼灌出來的，這些令一般讀者感到好奇的細節，本書作了很好的圖解介紹。

讀了這本書，再開車看到斜張橋時，那種感覺很特別，原來身邊的許多改變，背後的工程細節這麼多。也認識到，不只是國外的工程有故事，其實我們身邊的這些斜張橋，也都有各自的故事，而且，這是屬於我們自己的故事。

優秀的工程，解決了一個一個的難題，讓我們的生活面貌開始改變。而下一代人，也將在這樣的基礎上，發展更新的技術，打造更困難的工程。

台積電創辦人張忠謀先生，曾在演講中提到，台積電之所以能如此成功，其實是台灣的很多天時地利人和因素所共同造就的。而其中一個讓台積電能這麼成功的原因，就是台灣發達的高速公路網，以及平穩且快速的高鐵，造就西岸一日生活圈，讓傑出的工程師，能夠不搬家，只用一個小時的車程，在竹科、中科、南科之間迅速支援，解決問題。

這是一個明確的例子，優秀的交通建設工程，孵化了優秀的半導體工程。說明我們所完成的每個工程，所克服的每個難題，都能讓我們的下一代在更好的基礎上前進，形成我們之前根本沒想過的優勢，站上世界舞台。

作為這套書的粉絲，我是真的每個字都看。每一本的工程主題，都是在解決一個我們自己生活環境與土地上的問題，從分析問題、初擬方案、實際執行、遇到困境，再想辦法突破。而這一整套書，就是在解決我們「缺乏同時適合大人跟小孩的台灣工程科普讀物」的問題，作者黃健琪在第 1 冊《穿越雪山隧道》的序言中，稍微提到這些辛苦的過程，但我想整個編輯團隊所付出的努力，一定是非常巨大的。

很高興等到了這一天，我們不再只能仰望外國，依賴翻譯。而能仔細看見我們居住且深愛的土地，那些用心做出世界級成績的人們，以及他們的作品。

這是屬於台灣自己的，教育工程。🔖

蔡依橙的閱讀筆記 扳主 / 素養教育工作坊 講師

蔡依橙

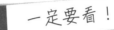
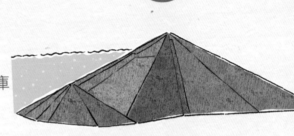

目次

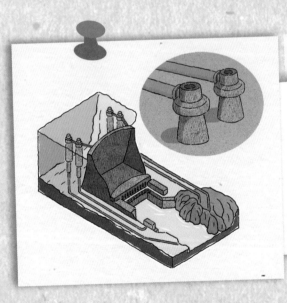

小木馬日報記者
卜方企
PRESS

★綽號：追追 ★血型：O型 ★生日：3月21日
★喜歡事物：炸蝦、遊樂園、推理小說
★座右銘：追新聞，追到天涯海角。
　　　　　追真相，不鬆懈不放棄！

最期待的事　持續改善的公共建設

公共建設並不是建好了就可以一直使用不會損壞，也不是建好了就不能改變。隨著不同的需求、科技的進步，改善原有的建設，讓它變成永續環保的設施，對環境、對人們的生活，也是一項超級工程。

「最近水情告急，南部的鄉親都要儲水節省使用，」主管盯著追追洗杯子：「水不要一直開著！用完把水龍頭關緊！」

追追趕緊關水，說：「北部不缺水，我這正常使用應該沒問題吧！」

主管嚴厲的說：「那我們就應該實施北水南送，幫助缺水的地區。不能以為這不關我們的事，因為風水輪流轉，北部也有可能會遭遇缺水的狀況啊。老天不下雨的話，誰也不能預測。對了，下週你要交

一篇關於最近水情的報導，查查缺水究竟該怎麼辦？我們有沒有什麼因應的方法……」

追追大叫了一聲：「老大，我還有好多篇報導呢，你這是公報私仇！」

主管哈哈大笑：「那你去問問老天爺什麼時候下雨吧！」

追追雖然有點無奈，但是仔細想想，台灣建了這麼多水庫，平常都有蓄水，可以調節用水，老天又不是全年無雨，這幾年竟一再出現水情告急的現象，究竟是氣候變遷、老天的安排，還是水庫出狀況？真相到底是什麼，應該要繼續追下去。於是追追馬上把心中的疑問寫下：

有關台灣水庫的問題

Q：台灣的水從哪裡來？為什麼會缺水？

Q：貯水一定要建水庫嗎？水庫的水夠我們用嗎？

Q：要怎麼在河流上蓋一座大壩把水攔住，難道要先把水移走嗎？

Q：大壩如何承受水壓，又要不漏水、變形，怎樣的水壩才堅固？

Q：台灣有多少座水庫？最大的水庫是哪一座？

Q：水庫會缺水嗎？水庫缺水怎麼辦？

Q：水庫除了蓄水，提供民生用水外，還有什麼功能？

Q：這麼大的一座水庫，如果水裝滿了溢出來，會造成潰壩嗎？

Q：台灣的河流這麼多，為什麼不夠用？可利用的水資源還有哪些？

Q：水庫常常淤積泥砂，導致貯水量越來越少，要怎麼清除水庫裡的淤泥？

Q：常有人說，建水庫會破壞環境生態，那麼有更環保的水庫嗎？

　　為了追出真相，追追打算除了收集各種數據資料，還想直接走訪曾文水庫，只要了解台灣最大的水庫發生了什麼問題，台灣其他水庫面對的問題大概也八九不離十。印象中這是座「老」水庫，就像人到了老年，體力衰弱，禁不起病痛；但只要妥善處置，不僅能回春，還能老當益壯、延年益壽。這座老水庫從誕生到現在，面對許多次颱風和豪大雨肆虐，難免會留下一些「舊傷或痼疾」，不知道現在有沒有妥善處置，想辦法讓這座老水庫成為永續環保的設施。

出發前，追追查了許多曾文水庫的資料，發現有許多專家學者和工程人員，早就為了讓曾文水庫永續使用下去，提出了許多方法，除了把水壩增高、添加檢測儀器，隨時監測水庫的各種狀況，以及各種防淤方式，還建了一座獨步世界的「象鼻引水鋼管工法」的防淤隧道，隧道內除了有超大池子，還有首創的「中間柱工法」，而且象鼻引水鋼管工法必須在水下進行，光是看名稱，就讓追追驚呼連連：「居然設計出巨大的『象鼻』引水，這真是太神奇了！」

來到曾文水庫風景區，才發現水庫就像一座湖泊，並且規劃成讓民眾可以親近的遊憩風景區，不禁讓追追想起小時候和爸爸媽媽到石門水庫去遊玩，還看到了洩洪的場景，對當時年紀還小的追追來說，印象非常深刻。不過水庫洩洪有一定的條件和程序，並不是說洩洪就洩洪，想要看到水庫洩洪的景象，得事前查詢。

水庫這個巨大的貯水設施，興建時必然會破壞地景地貌，完成後原來的溪流變成了一座湖泊，生態當然也跟著改變；但是水庫貯水在早期解決了台灣水源缺乏的問題，也提供了許多如防洪、發電等功能，究竟這個設施是利大於弊，還是弊大於利呢？水庫已經存在，這些問題或許轉換成：「如何讓水庫變成永續的設施」，是不是更有意義呢？

　　找完資料，雖然還帶著疑問，但是追追仍信心滿滿的開始準備專題報導……

還有更多的問題和聯想

Q：那些國家有建造大壩？

→其他國家的水庫跟台灣的功能一樣嗎？

Q：大壩有哪些型式？

→選擇大壩的型式，跟什麼條件有關呢？

Q：除了河川和水庫的水，還能在哪裡取水？

→台灣四面都是海，海水能夠使用嗎？

Q：水庫的水能截長補短、互相支援嗎？

→常聽到越域引水、南水北調、北水南送，這是什麼意思呢？

冬天缺水、夏天氾濫的嘉南平原

一百多年前，在台灣最大的嘉南平原上，先民碰上刮大風下大雨的日子，心中就忐忑不安：因為無人知道一條全長138.47公里的「青暝蛇」，也就是台灣第四長的河流——曾文溪，何時會凶性大發，一旦失控，大家就要面臨河水氾濫的危機。

在冬季雨量少的枯水期，曾文溪的河道宛如小水溝，無法行船，更滋養不了土地。到了夏季，農民終於盼來雨水，只是西北雨變幻無常，有時很短暫，根本無法解決缺水的需求；有時又一直下不停，常常造成曾文溪下游氾濫、洪水肆虐。直到日本統治台灣時期，開始進行曾文溪的治水工事，才真正將四處亂竄的溪道固定，讓當地居民告別過去的夢魘。不過，河道固定了，嘉南平原的水源就留下來了嗎？

嘉南平原無水可用？

早期嘉南平原耕地的水源完全仰賴降雨，雖然有曾文溪，但湍急的溪水還沒有效利用就入海了，既留不住，還常受氾濫之苦。其實嘉南平原並非「無水」，只要建設灌溉設施如圳道、貯水池等，就可以將水源留下來。

嘉南平原位於台灣西南部，是台灣最大的平原，總面積約4550平方公里。

又淹水了，今年的收成又泡湯了。

夏天

好久沒下雨了，我的番薯都死光光了。

冬天

先民的智慧：
植榕祭溪、扛茨走水

　　歷史上記載曾文溪有四次大改道，每次改道都造成許多生命的消逝與財產損害。先民早期栽種榕樹來防堵溪水氾濫，還發展出用竹子和茅草蓋成竹籠茨房屋，大水一來，居民合力將房屋扛起來遷村避難。

＊「青暝」是台語「看不見」的意思。這裡形容曾文溪像條看不見的蛇亂竄亂跑的樣子。

台灣的河川又短又急，夏季大雨一來，就很容易氾濫。

下雨時一定要趕緊離開河邊喔！

希望榕樹公保佑大家，溪水不要再氾濫了。

這種房屋好搭又輕，隨時可以搬走，就不怕淹水了。

■ 曾文溪小檔案

＊曾文溪，全長 138.47 公里，流經嘉義縣、台南市和高雄市三個縣市，流域面積 1176.64 平方公里，是全台第四長的河川。發源地為阿里山山脈的水山，主要支流為後堀溪、菜寮溪、官田溪。

原河道

第三次改道

現在河道

第二次改道

第一次改道

第一次改道

缺水灌溉？那就建一座水庫

日本統治台灣時期，急於提高台灣農產產量。此時日本政府派工程師八田與一做調查，發現 15 萬公頃的嘉南平原，只要有水灌溉便能成為良田。

如果嘉南平原上有一座大型貯水池，以及圳道這樣的給水、排水設施，不僅能蓄水灌溉，還有防洪的功能。

八田與一的主張得到日本政府認可，他便開始照計劃執行，找到適合建築大型貯水池（水庫）的地點——烏山嶺。在這裡建土石壩，較能因應台灣頻繁的地震，而且能就地取材，挖取曾文溪底的黏土作為建材。

有了八田與一周密的設計，烏山頭水庫在 1920 年開始動工，並於 1930 年完工，成為嘉南大圳最主要的水利工程之一。

烏山頭水庫和嘉南大圳

嘉南大圳是嘉南平原上最重要的灌溉系統。這套灌溉系統以北港溪為界，分為南北兩個獨立的灌溉系統，其中南部系統以烏山頭水庫為核心，透過如樹枝狀的灌溉排水路，將灌溉水源導入灌溉區。

濁水溪　新虎尾溪　嘉南北港溪　朴子溪　南　大　八掌溪　圳　急水溪　幹線　烏山頭水庫　曾文溪

嘉南大圳示意圖（參考 1934 年平面圖繪製）

台灣海峽

溪河 ——— 　圳道 ———

蓄水區
大壩
溢洪道
取水輸水口

水庫怎麼儲水

＊擋水：在河川上游建一座大壩把
　　　　水攔截起來儲存。
＊輸水：接管渠把庫水引出來使用。
＊洩水：利用溢洪道等放水設施，
　　　　進行調節性放水，以維護
　　　　擋水壩的安全。

烏山頭水庫的厲害工法

　　八田與一設計的烏山頭水庫，是台灣唯一採用半水力填築式工法的土石壩。最特別之處是採用曾文溪溪底的土石，倒置在截水心壁兩側，並利用強力射水使土石中的黏土往心壁中心流動，黏土均勻沉澱形成良好的不透水心壁，以抵擋水庫的水壓。

竟然使用水力就可以堆出結實又堅固的大壩！

半水力填築法

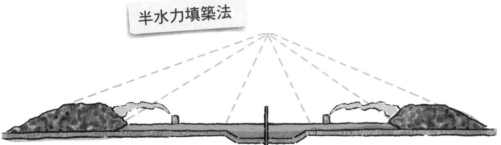

在當時可是全亞洲最大的土石壩呢！

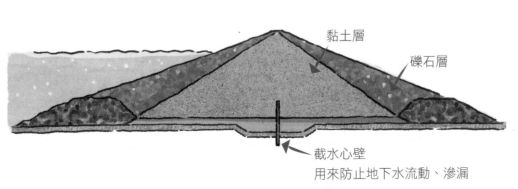

黏土層
礫石層
截水心壁
用來防止地下水流動、滲漏

灌溉水源仍不夠，再蓋一座大水庫

烏山頭水庫和嘉南大圳完工後，1930 至 1945 年間，水源穩定，農產產量跟著提高。但取用的曾文溪水量有限，農田必須實行三年輪作制的配水，才能耕作。

因為水源、水量不足，灌溉又需收「水租」，使許多農民生活陷入困境，甚至戲稱嘉南大圳為「咬人（台語）大圳」。加上氣候變遷，降雨量有逐漸減少的趨勢，同時山林多數被砍伐，水土保持狀況不良，烏山頭水庫淤泥日增，導致盜水四起。

1945 至 1960 年代，嘉南大圳受到二次大戰波及，許多水利設施毀損，此外，還有幾次自然災害，像是地震、水災，使嘉南大圳受到毀壞，其中又以 1959 年的八七水災重創各項水利設施最為嚴重。

除了修復、改善舊有的水力設施，加強取締盜水，努力節流外，更重要的是積極開發水源，如果能在曾文溪主流築壩攔蓄水流，與烏山頭水庫串聯運轉，便能使農地發揮更大的效能，還能增加新的灌溉區。這座攔水壩，就是全台最大的「曾文水庫」。

沒想到水庫才使用 15 年，就供水不夠了。

* 三年輪作是指，三年中，只有一年能得到灌溉用水。有水的那一年，農民可種水稻；非灌溉區、無水可用的那兩年，改種耐旱性的甘蔗與雜糧，農民才能勉強維生。

1933 年 4 月 15 日 **小木馬日報**

連續 55 天沒下雨，破高雄州紀錄！

水庫缺水，作物枯死，農民生計堪憂！

1933 年 8 月 27 日 **小木馬日報**

嘉南平原水源不足，爭水、盜水事件層出不窮

1959 年 8 月 20 日 **小木馬日報**

八七大水，災情慘重

八七大水導致山洪爆發，沖毀堤防，農田變成一片汙泥。政府呼籲全民同舟共濟度難關，並決定興建曾文水庫，解決中南部用水問題。

圖片來源／國家發展委員會檔案管理局

離槽水庫和在槽水庫比一比

離槽水庫	在槽水庫
主槽位於非集水河川	主槽在集水河川（河川主流）上興建
例如：烏山頭水庫	例如：曾文水庫
缺點：受限於引水隧道或渠道的容量，蓄水量較在槽水庫少	優點：集水區較大、集水、蓄水量較大
優點：可以在河川上游監測水質，河流流入及引水時挾帶的泥砂量較少	缺點：土砂流入量也大，易造成淤積

多多興建水庫貯水，會是好辦法嗎？

烏山頭水庫缺水怎麼辦？

烏山頭水庫建在曾文溪的支流官田溪上，為一個「離槽水庫」，也就是烏山頭水庫的主壩不是建在集水河川——曾文溪上，而是建在支流上。因為曾文溪與烏山頭水庫的主槽有段距離，因此興建引水隧道，將曾文溪水引入烏山頭水庫。

像這樣，在不同集水區之間調配水資源的方法，就稱為「越域引水」。

曾文溪

引水隧道

烏山頭水庫

曾文溪流域

第一座國人自行建設的水壩

曾文水庫是國人第一次自建的水壩，經過多年調查研究，工程團隊終於在曾文溪主流上找到符合建設蓄水、防洪、給水、灌溉、發電、觀光的水庫壩址——柳藤潭峽谷。

柳藤潭峽谷有曾文溪主流貫穿其中，豐水期的集水區內雨量相當充沛。而且周圍的山夠高，可以興建較高的壩，蓄比較多的水。

水壩必須具備足夠的安定性，使大壩不會滑動、坍塌、變形。以水壩抵擋水壓力及地震力的結構來看，如果採用混凝土建拱壩、扶壁壩，套進峽谷兩邊的岩盤，岩盤將承受極大的壓力。以此處地質來看，重力壩最佳。

以建築材料來看，要運送大量的鋼材、水泥、木材到偏遠的柳藤潭並不容易。如果取用當地土料、石料或混合料，經過拋填、輾壓等方法堆築成土石壩，就可以就地取材來填壩，而且土石壩能適應各種不同的地形、地質和氣候條件，結構簡單，便於維修。

曾文水庫的土石壩構造

分區壓實式土壩，不透水心層位於壩體斷面中央，外層有粗細粒料的半透水殼層、透水殼層及濾層。

心層：防滲阻水。通常以黏土為主的土料填築輾壓而成。

拋石層

殼層：主要的體積是由殼層所填築，具有透水性。承擔抵抗外力。

水平濾層：有排水保土的功能。

隔幕灌漿

基礎岩盤

因此，在柳藤潭峽谷建重力壩壩型的土石壩是最佳選擇。

＊ 土石壩，是將土石分層堆疊並輾壓夯實而成，是歷史最為悠久的一種壩型，也是世界大壩工程建設中，應用最廣泛和發展最快的一種壩型。

優點

● 可以就地、就近取材，減少運輸量，也可以節省購買材料的花費。

● 壩體土石用自重來抵抗外力，遇地震不容易坍塌變形。對地基強度和承受力的要求較低，因此地基不用打太深。

水壓力

● 便於維修。

● 可以再進行加高擴建。

缺點

● 蓄水的水位高度不能超過大壩高度，否則大壩可能會毀損崩塌。

● 填築的材料以天然砂石泥土為主，取材或是沉澱凝固受氣候的條件影響較大，影響施工的時間。

● 壩體需要定期維護和監測，因此管理費用會增加。

這麼高的大壩竟然是用石頭和泥土一層一層堆疊出來的！

土石竟然不會滲水，太厲害了！

從未見過的工程機械進場！

　　曾文水庫工程是台灣第一個採用大型土方工程機械的工程。為了曾文水庫計畫，還引進一些台灣從未見過的大機械。

另一條長 1083 公尺。這兩條導水隧道要引導曾文溪河水到下游，才不會使溪水積蓄，干擾大壩的填築區域。

1 蓋水庫先導水

　　要在柳藤潭這裡建壩，首先要把潭水引走，才能進行建築大壩工程。

　　先開挖兩條內徑為 12 公尺的導水隧道，穿過水壩左岸的山腹，一條長 1250 公尺，

35 噸運輸用傾卸車

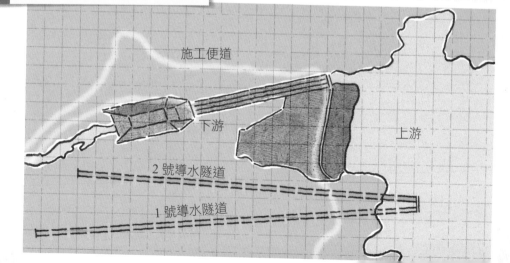

曾文水庫整體設計平面圖

施工便道

下游

上游

2 號導水隧道

1 號導水隧道

2 壩基處理

大壩要穩固以及不能滲水，位於大壩中心的「心層」，也叫做「不透水層」，擔負防滲阻水的任務，因此基礎要挖到岩盤，工程人員必須深入河床下 70 公尺處灌漿，防堵溪水滲入。

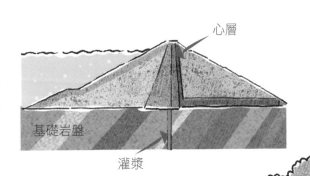

心層

基礎岩盤

灌漿

羊腳滾壓機：滾筒上裝置許多凸塊，可以將土料攪拌和壓實的工程車。

跟河狸河川築水壩一樣。

但是人不能在水裡來去自如，得要引導溪水流向別處才能施工。

3 層層堆疊

土石壩中央的心層是最細緻的土料夯實而成，這樣才能形成不透水層。接下來每鋪一層都規定石塊的尺寸，一層堆大約 15 公分再壓實，層層填高，層層輾壓，形成殼層，以保護中央的心層，並且還在當中設置了排水層、濾層。大壩材料主要都是來自此項工程開挖，如溢洪道開挖、壩基開挖，以及從河床取材（借土區）等，因此節省許多費用。

除了蓄水，還能發電

曾文水庫歷時 6 年施工，耗資 60.38 億，自 1967 年 10 月 31 日動工，至 1973 年 10 月 31 日，這座台灣第一大水庫終於正式完工。

曾文水庫除了蓄水、防洪、給水，還能發電。水庫壩高 133 公尺，約為 45 層樓的高度，只要將發電廠設於低處，並裝設滑水道一樣的引水管路，位於高位的水庫水流，就能順著管路，一路流進位置較低的發電廠。這樣就能利用水位落差，來推動水輪機轉動，再將水輪機接上發電機，隨著水輪機轉動，便可發電。做完發電功能的尾水，再經過尾水隧道，流入曾文溪下游，將水資源做多重利用。在曾文水庫大壩左岸的山腹內，就藏著這樣的地下發電廠——曾文發電廠。

水力發電

曾文發電廠滿載發電時，以每秒 56 噸水到達地下發電廠的法蘭西斯型水輪機發電組，可產生 50000 千瓦時的電力，是台灣南部地區唯一的大型水力發電廠。

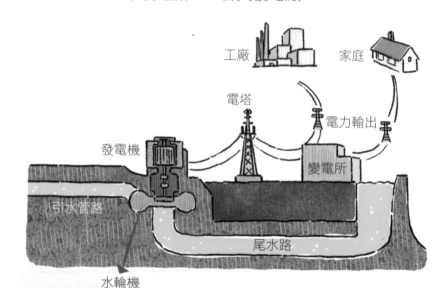

工廠　　家庭

電塔

電力輸出

發電機

變電所

引水管路

尾水路

水輪機

大壩

曾文水庫

曾文發電廠

東口

烏山嶺導水隧道

曾文溪曾文水庫至烏山頭水庫水力能源開發系統示意圖

全台第一大水庫 曾文水庫完工！

曾文水庫的閘板關閉完成，水庫正式完工開始安全蓄水。完工時壩高 133 公尺，壩長 400 公尺，集水面積 481 平方公里，是台灣集水面積最大的水庫，也是台灣容量最大的水庫。

尾水多次利用

曾文溪水不只提供曾文發電廠發電，經東口堰、烏山嶺隧道，與烏山頭水庫串聯，至西口堰，再次利用水位落差，提供西口發電廠發電。烏山頭水庫的水，流經台灣第一個民營水力發電廠——烏山頭水力發電廠，以及經過另一座八田發電廠，再次作為發電使用。

利用水力轉動發電機來發電，真是太聰明了！

我挖土的動能可以轉換成電能嗎……

烏山嶺導水隧道

西口發電廠

西口

東口

曾

文

溪

八田發電廠

烏山頭發電廠

烏山頭水庫

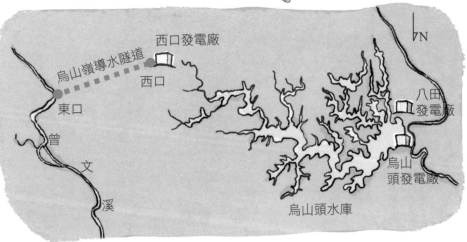

西口堰　西口發電廠　　　　烏山頭水庫　　　　烏山頭大壩　烏山頭發電廠　八田發電廠

曾文水庫不能裝滿水

曾文水庫完工，創造了許多紀錄：它是台灣水庫中大壩體積最大、湖面面積最大、蓄水容量最大的水庫。管理單位是台灣當時第一個擁有電腦的機構，也是最早開始使用降雨及水位自動測報系統，並利用電腦計算流量、容量對水庫的影響。

它的集水面積有 481 平方公里，約為 458 座標準游泳池的面積（21X50 公尺），總容量為 7 億 753 萬立方公尺，但是土石壩的水庫不能裝滿水，一旦裝滿溢出，可能會造成壩體潰堤的危險。平常只要「擋水」、「輸水」及「洩水」三項最重要的設施都能順利運作，專家預估使用 50 年應該沒什麼問題。

但是，計畫總是趕不上變化，完工後至 2009 年的 35 年間，平均降雨量有逐漸增強的趨勢，雖然它仍躲過大大小小二十幾個颱風的肆虐，但是遇上莫拉克颱風，大量的泥土淤積，卻讓它一夕之間減少了 20 年的壽命！

2009 年 8 月 25 日

小木馬日報

莫拉克豪雨重創南台灣，曾文水庫差點潰壩！

為了顧及下游民眾的生命財產安全，曾文水庫 8 日大洩洪，當晚 3 道閘門全開放水，每秒進水量仍然很多，水位飆升到 230.96 公尺，遠超過當時滿水位的 227 公尺，如果豪大雨再持續 2、3 個小時，整座水庫將崩毀，大台南地區 200 萬人的生命財產，恐怕面臨更大的浩劫！

當時 3 個洩洪口閘門全部拉到頂全開，水位還是不斷上升！

這次颱風帶來 12 億噸水量，打破歷年的紀錄！

颱風一來，水庫就淤積？

民國 89 至 99 年颱風豪雨事件與曾文水庫最大降雨強度、淤積量一覽表

年份	颱風事件	水庫洪峰流量 （立方公尺／每秒）	累積雨量 （公厘）	淤積累積量 （萬立方公尺）
89年	碧利斯	1263.5	253.8	920
90年	桃芝	3391.7	376.6	8870
91年	雷馬遜	173.6	93.9	3400
93年	敏督利	3946.8	803.5	17940
94年	海棠	3917.6	1012.9	9300
95年	六九豪雨	4136.1	882.8	10450
97年	卡玫基	5393.6	649.3	9850
98年	莫拉克	6026.4	1565.0	91080
99年	凡那比	2081.9	307.5	-1000

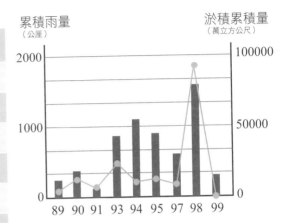

* 洪峰流量：本次降水的最大流量
* 「-」表示該年度水庫辦理清淤工程
* 92、96 年無紀錄

水一旦滿出來，可能就會變成災害了。

原來水庫的水不是裝越滿越好。

水庫為什麼不能滿庫

　　水庫要保留滯洪的空間，發生豪大雨時，水量一旦快速增加，排洪時就可以發揮「洪峰消滅」功能。

　　如果大量的水沒有及時宣洩，便會從大壩頂部溢流出來，強大水流可能會破壞層層夯實的土石，損毀壩體，甚至造成潰壩，導致水壩下游地區毀壞及人員傷亡。

保護水庫大作戰——體檢和加高壩體

莫拉克颱風侵襲，使曾文水庫突然增加 9108 萬立方公尺的淤積，庫底淤泥的高度來到海拔 176 公尺處（約 58 層樓高），甚至超出電廠進水口的 165 公尺（約 55 層樓高），與永久河道放水口的 155 公尺，嚴重危害水庫的運作，蓄水量不到 2/3。

其實在莫拉克颱風來襲之前，曾文水庫平時就利用儀器監測，定時體檢，在 2008 年進行壩體加高工程，增加庫容空間，以提高滯洪能力。

更在 2012 年進行永久河道放水口防淤改善工程，使取水斜塔攔汙柵延伸改善，增加取水斷面，以便穩定供水。

再蓋一座水庫，就能增加儲水量。

不可能，附近已經沒有更合適的地點了！

再蓋水庫還是會淤積，應該要想辦法解決現在的問題！

取水斜塔

取水斜塔攔汙柵

電廠進水口 165 公尺

永久河道放水口 155 公尺

淤積高度 176.9 公尺

水庫淤泥

保護計畫一：幫曾文水庫進行總體檢

　　曾文水庫隨時承受著水流沖蝕的巨大壓力，和可能發生強震的挑戰，壩體又是最怕滲漏的土石壩，一定要提高壩體的穩定性，一旦大壩出現滑坡、異常裂縫、變形、滲漏等問題，修補加強是刻不容緩的工作。

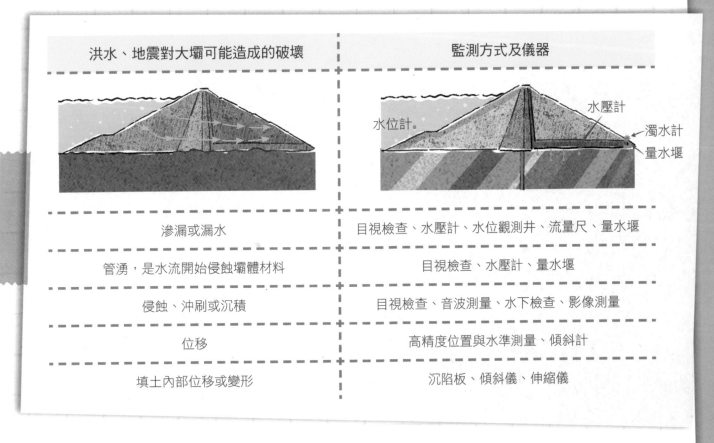

洪水、地震對大壩可能造成的破壞	監測方式及儀器
滲漏或漏水	目視檢查、水壓計、水位觀測井、流量尺、量水堰
管湧，是水流開始侵蝕壩體材料	目視檢查、水壓計、量水堰
侵蝕、沖刷或沉積	目視檢查、音波測量、水下檢查、影像測量
位移	高精度位置與水準測量、傾斜計
填土內部位移或變形	沉陷板、傾斜儀、伸縮儀

保護計畫二：心層加高工程

　　增加蓄水量，提高滯洪能力的另一個方法是加高壩體。曾文水庫的心層加高工程，在 2008 年 6 月，將壩頂結構物打除後，重新分區滾壓填築，將心層加高到 235 公尺，滿水位也從 227 公尺，升高到 230 公尺，可增加水庫蓄水量 5000 多萬噸。

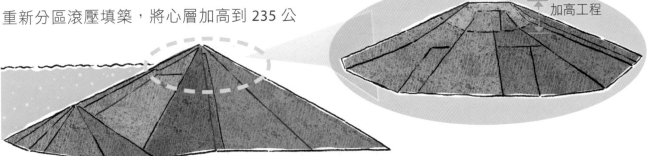

搶救水庫大作戰──清除淤泥

莫拉克颱風帶來的淤泥，讓大家驚覺，以往洩洪雖能保護大壩安全，但是排出去的是表層的清水，留在水庫裡的卻是下層的渾水。把曾文水庫比喻成大湯鍋的話，淤泥就是食物殘渣，如果沒有適時刷鍋子、擾動湯水、倒掉，殘渣就會沉到鍋底沾黏，時間久了很難清除。

為了替曾文水庫的庫區清淤，大家找遍方法，多管齊下進行處理。

水庫清淤的方法

1 靠近取水斜塔的區域以抓斗打撈為主。在枯水期時，讓怪手直接開挖，將廢土運送出去。

● 條件：配合水位變化，調整清淤區域。
　　　　找到適合的填土區。
● 缺點：運送耗時。不容易找到填土區。

取水斜塔

❷ 用抽泥船（浚渫船）把泥漿抽出來，再運送去暫放區，等放水時再沖入河中。

利用抽泥船上水下的絞刀和馬達，先擊碎沉底的淤泥，才能將淤泥抽入輸泥管。

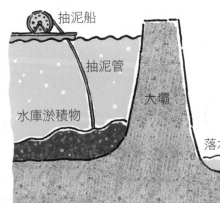

抽泥船

抽泥管

水庫淤積物

大壩

落水池淤泥暫置區

輸泥管

臨時性土堤

河道淤泥暫置區

暫置場的部分淤泥以卡車載往他處。

大部分的淤泥待颱風豪雨，及水庫放水時，再沖入河道下游，還砂於河。

挑戰大難題：
興建防淤隧道

　　其實排砂最有效的方式，就是在颱風時期以自然洪水力量，把泥砂帶出。這時的洪水，就像鍋子裡被攪動的湯水，殘渣還沒有沉底，比較容易排出。

　　水庫畢竟不是鍋子，不能用倒的，但是可以把水庫想像成是一個巨大的馬桶，當大量的水帶來足夠的壓力，把混著泥砂的水沖出水庫，再利用虹吸現象吸走淤泥，這不是更好嗎？不過要在曾文水庫裡裝個引水鋼管連接一條防淤隧道，將渾水排到曾文溪裡，這可是一個大難題！

什麼是虹吸現象

＊簡單來說，虹吸就是壓力不同，所造成的液體流動現象。只要管道裡充滿水，水就會從壓力高的地方往壓力低的地方流動。例如馬桶就是運用虹吸現象將汙水沖出馬桶。

有效排砂的方式

夾帶泥砂的上游河水

淤積

異重流引起的回流

泥漿流入水庫在底層緩慢前進，就叫做異重流

如果在水庫裡挖一條隧道，就可以讓異重流從隧道排出

什麼時候要洩洪？

1 颱風或豪大雨來臨前

根據氣象預報，以及當時的水庫水位狀況，如果降雨量可能超過水庫滿水位的話，就會提早進行調節性放水，維護大壩的安全。

2 當水庫達到一定水位時

為了維護水庫的安全，平時若水庫達到一定的水位或是檢修維護的需要，會開啟沖刷道、排洪隧道洩洪調整蓄水空間。

洩洪工作注意事項

❶ 暫停清淤作業。

❷ 對下游河道及易淹水地區進行廣播提醒。

❸ 在放水第一小時最大放水量不超過每秒 150 立方公尺，以示警告。

放水閘門不是任意開啟，而是有順序的。放水流量小於每秒 900 立方公尺時，閘門開啟的順序為第 2 號、第 3 號、第 1 號。關閉的順序則相反。如果放水流量大於每秒 900 立方公尺的話，三座閘門要維持同一個打開角度。

圖片來源／南區水資源局

33

開挖防淤隧道

挖隧道對於工程人員並不是難事，難的是，這是一條連接水庫的隧道。在施工期間，必須維持水庫正常營運，不能影響供水，因此無法像一般隧道工程，先將工地周圍的水抽乾再施工。此外，曾文水庫周邊地質條件不佳，不能進行爆破工程，以免影響邊坡安全。

方案 1：爆破工法

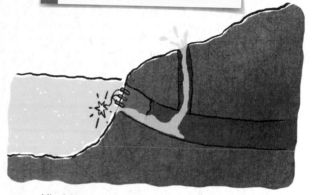

進水口長期在水下，地質軟化，如果採用爆破的方式，不僅影響邊坡安全，也可能使閘門井產生強烈井噴，影響施工安全。

方案 2：圍堰工法

如果採用圍堰的工法，依水庫的水位變化，圍堰高度要達到60公尺，排樁將達到90公尺，施工難度高。

方案 3：象鼻引水鋼管工法

將隧道進水口提升 20 公尺，再打造一個彎曲的象鼻鋼管連接進水口和水庫，就可以克服水位高低差施工不易的困難。

採用

先改良地盤再開挖

　　將地層脆弱的地方用縫地工法補強，這個工法就像縫衣服一樣，把岩體可能因開挖會裂開的地方先打岩釘，及灌漿補起來，再進行挖鑿。

挖隧道先鞏固岩層，這樣就不怕開挖時坍方了。

太聰明了，這一招我要學起來！

❶ 先打岩釘，再灌漿，將邊坡加固加強。

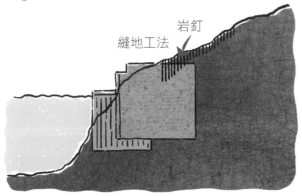

縫地工法　岩釘

❷ 從上方先開挖豎井作為閘室，再挖橫向隧道。

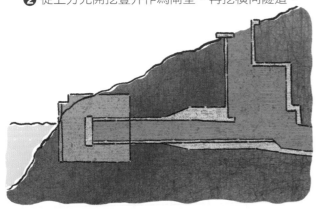

❸ 設計通氣室及通氣管，確保地下空間空氣流通。

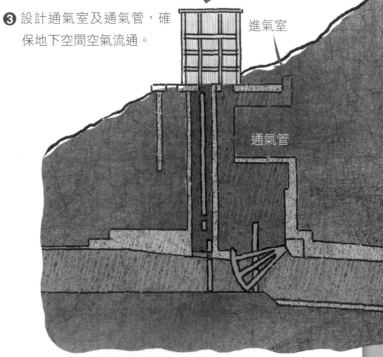

豎井閘室

進氣室

通氣管

35

山壁裡的超大池子

另一個面臨的難題是，水庫的渾水，經過引水鋼管排放到隧道的速度，相當於高速公路主線車道每小時 100 公里或 110 公里的最高速度。在渾水如此高速的沖刷下，曾文溪水道一定會受到破壞。曾文溪腹地小，無法在出水口的洞外設置消能池，因此工程團隊設計了「山體消能」，在水庫左側山腹內建一座超級巨大的「消能池」，渾水先經過消能再排放，對河道影響最低。

消能池：香菇頭工法

在山體中挖出深達 46 公尺，相當於 15 層樓高的消能池。採用分段降挖，因為地質不佳，所以採取邊加強保護山壁的工作，一邊開挖，挖好之後立刻做好頂部及側邊的襯砌，再繼續往下挖。

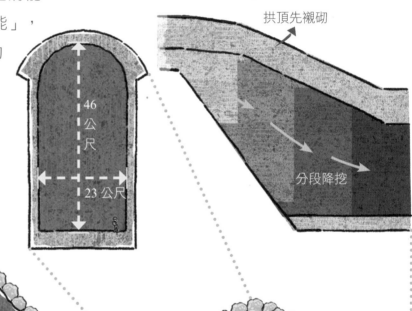

46 公尺

23 公尺

拱頂先襯砌

分段降挖

抗磨工程： 新材料全隧道塗覆

消能池的最大斷面 ◄

雙洞出口：中間柱工法

因出水口太大，首創「中間柱工法」，將隧道出水口分隔成兩個洞口，使用強度較佳的混凝土排樁為中間柱，結合頂拱襯砌來加強，如此可以縮小開鑿斷面，降低崩塌的風險，是國內水利工程首見。

因為出水口的邊坡部分沒有覆土，需要加強，要先整地打樁再灌漿加厚，這樣才能開挖出水口。往內挖鑿的時候，也要先把鋼管打進山壁裡支撐，灌漿加強，避免開挖時候岩層坍塌。

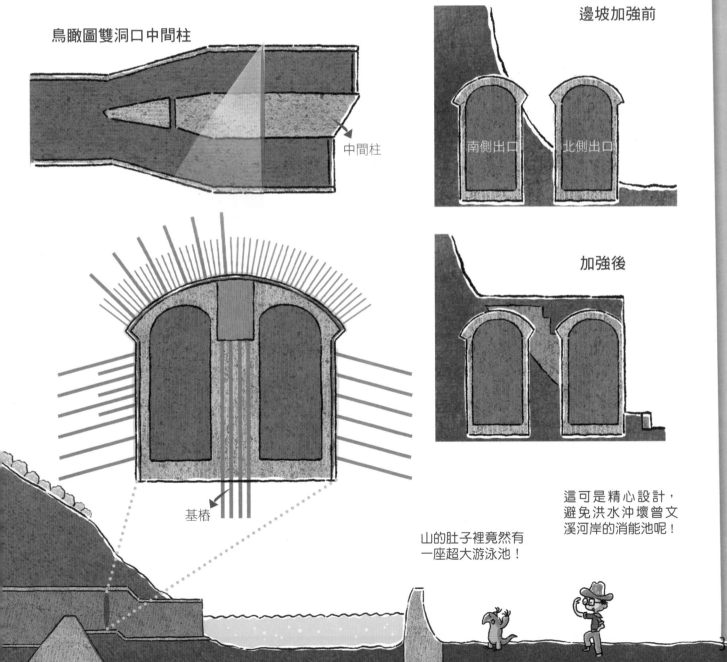

鳥瞰圖雙洞口中間柱

中間柱

基樁

邊坡加強前

南側出口　北側出口

加強後

山的肚子裡竟然有一座超大游泳池！

這可是精心設計，避免洪水沖壞曾文溪河岸的消能池呢！

水下工程不簡單

象鼻引水鋼管的作用是為了能吸取庫底的渾水,因此長度達 62 公尺才能延伸至庫底。口徑這麼大的鋼管,製成彎曲的形狀非常不容易,工程團隊因此採取分節製作的方式,每一節都是由雙層管所構成,就像排油煙機的鋼管可以彎曲。雖然重量不輕,但是在水中,可以靠浮力作用漂浮在水面上,這樣就能以拖運船拖曳到施工現場,在水中組裝。

問題來了,浮在水面的鋼管要怎麼下沉?沉到水裡又要如何和隧道連接呢?

施工前先用模型進行模擬

工程團隊製作了一個大水槽,以及縮小比例為 1/20 的鋼管,在水中進行拖曳、調整姿勢、下沉上浮、水下定位和拆盲板等的試驗。

鋼管下水試驗

鋼管綁繫及拖曳試驗

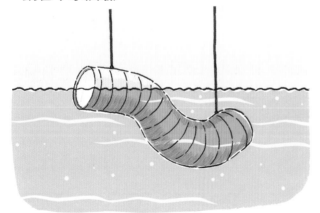

鋼管注水下沉試驗

水下拆盲板

連接鋼管和隧道

　　隧道及進水口的閘門完成後，工程人員將象鼻鋼管拖曳到隧道進水口附近的位置，先將象鼻鋼管下沉到水中，並調整成正確的姿勢，再移動至進水口的位置，由潛水夫在水下用螺絲聯結鋼管和進水口。

想到利用水運送鋼管，真聰明！

1500 噸鋼管的重量，等於 150 頭非洲象的體重呢！

❶ 鋼管是一節一節鋼圈組裝而成，一節一節間形成封閉隔艙，頭尾封板後，可以浮在水上，並運用拖曳船拖曳運輸。

❷ 從鋼管的兩端分別注水，鋼管就漸漸下沉。

❸ 利用象鼻前端進水，調整到安裝進水口的姿勢。

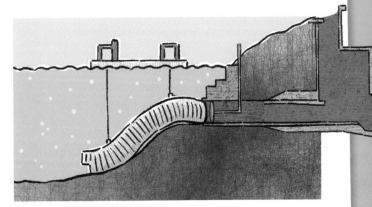

❹ 象鼻尾端連接到隧道進水口後，以潛水夫下潛完成組裝。最後在鋼管上澆置混凝土將鋼管固定。

把水庫變成永續環保的設施

曾文水庫防淤隧道於 2014 年 3 月 31 日開挖，歷經 3 年多的施工，這座台灣首建的防淤隧道在 2018 年 1 月正式完工。如果颱風豪雨來襲，除了可以排砂清淤，還可以做為另一處排洪道，增加曾文水庫的排洪能力。

雖然 1 月就完工，但是因為水庫儲存的水非常珍貴，不能隨隨便便就放水測試。因此到了 8 月，曾文水庫才終於蓄存了足夠的水量，於 21 日測試防淤隧道運作成功！

興建水庫會影響環境，因為它在河流的上游興建大壩攔截水源，改變了自然地形、阻礙魚類洄游，也阻擋了泥砂，中、下游的砂源也減少，使得溪流的河口海岸線後退，造成國土流失……既然水庫有那麼多缺點，為什麼還要在曾文水庫這裡興建防淤隧道，延長它的壽命？

2018 年 8 月 21 日

小木馬日報

防淤隧道首度測試成功

這兩個月來山區午後雷陣雨不斷，為曾文水庫帶來豐沛的水量。南區水資源局在豪雨期間，先觀察集水區降雨狀況及氣象模式推估可能降雨量，終於在 8 月 21 日首度測試防淤隧道洩洪排砂成功。測試後檢視隧道結構及設備、下游護岸等皆無任何損壞。經過兩天測試，總計放流了 240 萬立方公尺，約 7 成的排水透過東口，經烏山嶺隧道流至烏山頭水庫。

圖片來源／南區水資源局

為什麼要延長水庫的壽命

原因很實際，因為台灣南部的水資源，主要來自每年數場豪雨。曾文溪短促流急，雨水進入河道後，僅需數小時就流入大海，如果沒有水庫攔截蓄水，南部很快就缺水了。既有的水庫雖然面臨淤積的問題，透過改善工程，延續水庫的壽命，也是讓水庫永續的方式之一。

缺點：山上樹木被砍掉淹沒、魚類游不到上游、海岸線後退。

優點：把水蓄存起來，供給民生用水。

讓水庫永續的方式 1
還砂於河

運用防淤隧道，或抽砂的方式，還砂於河海。

我們人類真的對不起大自然啊！

讓水庫永續的方式 2
不干擾原來生態、復育環境

因工程被破壞的環境，進行復育植被的工作。

知錯就改，也很棒哦！

山麻雀的棲息地

施工區

工程方式採取對環境影響最小的方式，並且保護山麻雀的棲息地。

41

台灣的水從哪裡來？

記者／卜方企

水庫對台灣很重要。在正常狀況下，全台水庫的總容量約為 20 億噸，每年約可循環蓄滿 4 次，一年最多可以蓄到 80 億噸水。但是全台灣目前一年約需要 170～200 億噸水，就算水庫蓄滿水，也不夠用。現在又面臨氣候變遷，不是暴雨頻率增加，造成水庫淤積惡化，就是降雨減少，水庫蓄存不夠，造成近幾年南部面臨缺水的危機！台灣的水究竟從哪裡來，又是怎麼利用的呢？

我國總用水來源

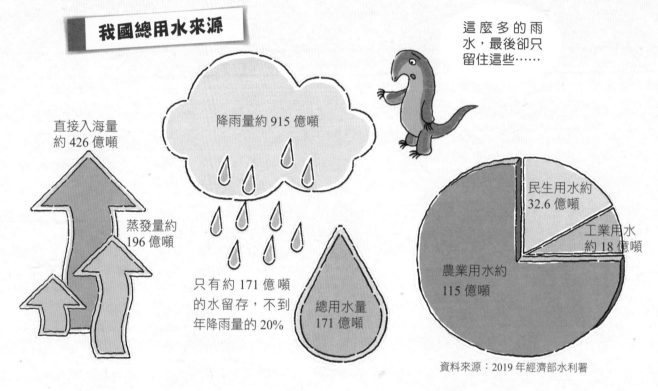

這麼多的雨水，最後卻只留住這些……

直接入海量約 426 億噸

降雨量約 915 億噸

蒸發量約 196 億噸

只有約 171 億噸的水留存，不到年降雨量的 20%

總用水量 171 億噸

民生用水約 32.6 億噸

工業用水約 18 億噸

農業用水約 115 億噸

資料來源：2019 年經濟部水利署

台灣的水從哪裡來？

傳統水源有地面水，例如河流、湖泊，還有地下水和雨水等，為了蓄留這些水資源，因此有水庫、攔水壩、人工湖等設施，此外還有都市汙水與工業廢水回收再利用、海水淡化等。

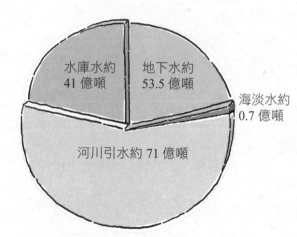

水庫水約 41 億噸

地下水約 53.5 億噸

海淡水約 0.7 億噸

河川引水約 71 億噸

地下水

在地面下流動的水。雨水、河川、湖泊及水庫的水，滲透到地底，藏在土壤或岩石縫隙中，就成為地下水。

優點：儲存量大，約為河湖的 66 倍多。

缺點：如果超抽地下水，則會造成地下水資源的耗竭或變質，甚至使地層下陷。

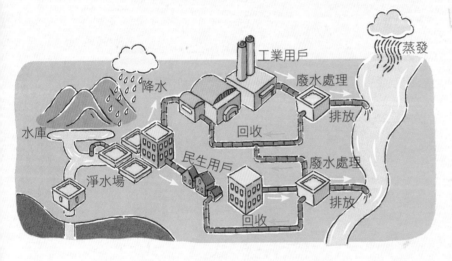

廢水回收再利用

收集民生與工業汙水，經過淨化處理，變成可以再利用的水。

優點：不受天候的影響，可以無限循環使用。生產成本較海水淡化低。工業廢水還可能在處理過程中產生貴重礦物，增加附加價值。

缺點：再生水來自廢水回收，不得供作食用或藥用，有衛生疑慮。價格比起自來水高。

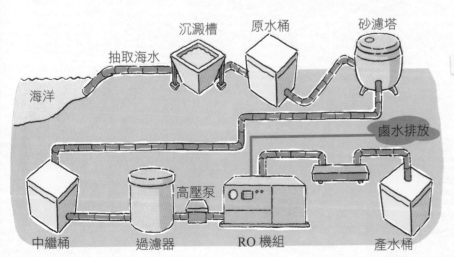

海水淡化處理

去除水中多餘的鹽分和礦物質，成為淡水。

優點：無供作食用或藥用的疑慮，可以提供潔淨的飲用水。

缺點：處理費用高、耗能、製水後的鹵水（高鹽度海水）排放會造成生態影響。

台灣水庫之最

記者／卜方企

　　至 2022 年為止，台灣已有 95 座水庫：北區 16 座，中區 21 座，南區 23 座，東部 6 座，澎湖 8 座，金馬 21 座，總蓄水容量約為 21 億 3 千萬立方公尺，由經濟部水利署來經營管理。讓我們一起來認識 95 座水庫中，最特別的一些水庫吧！

最早完工的水庫

　　台南市新化區虎頭山麓的虎頭埤，是 1831 年時，農民為了截蓄鹽水溪上游河水來灌溉農田，花了 15 年而建的土堤。到了 1867 年，為了增加灌溉面積，改築為固定堰堤，並設溢洪道等設施，至今已有 150 多年的歷史。曾因豪雨及地震等因素數次修復及改建，目前仍是新化區 500 多公頃農田的灌溉水源。

圖片來源／胡儀芬

虎頭埤的「埤」，就是貯水池的意思。走進園區繞湖散步一周，還能近距離看到水壩的構造。

最高的水壩

　　台中的德基水庫，是台灣第一座以混凝土為材料所構成的雙曲線薄型拱壩，高度為 180 公尺，相當於 60 層樓高；坐落在大甲溪流域上游標高 1465 公尺處，也是台灣海拔最高的水庫。台灣目前僅有 4 座拱壩，除了德基水庫大壩外、另外 3 座為谷關水庫大壩、翡翠水庫大壩、榮華壩。

德基水庫是一座高山型水庫，是中部地區最大的水庫，蓄水量則排名全台第四大。

圖片來源／達志影像

台灣有效容量前五大水庫（萬立方公尺）

1. 曾文水庫 50,685.00
2. 翡翠水庫 33,550.50
3. 石門水庫 20,526.01
4. 德基水庫 18,855.00
5. 南化水庫 8,935.10

（資料來源：經濟部水利署 111 年）

＊每年水庫的有效容量都會更新

翡翠水庫
石門水庫
德基水庫
曾文水庫
南化水庫

你住的城市有水庫嗎？
查一查你家的用水是來
自哪一座水庫？

施工最久的水庫

　　阿公店水庫為台灣唯一以防洪為主要目標的水庫。大壩全長 2.38 公里，為台灣最長，並曾是遠東之冠。建造時是全台第 1 座多目標水庫，施工長達 12 年，也是施工時間最久的水庫，泥沙淤積量也高居全台之冠。

圖片來源／南區水資源局

阿公店水庫是日本統治時期開始興建的水庫，距今已經超過 60 年歷史了。現在還是首座浮力式發電系統的水庫設置點。

石門水庫和翡翠水庫

記者／卜方企

台灣 95 座水庫中，能夠同時具有灌溉、發電、給水、防洪、觀光等效益的多功能水庫，最著名的有三座，除了曾文水庫，還有兩座，一座是石門水庫，另一座是蓄水容量第二大的翡翠水庫。這三座水庫的有效蓄水量，約占全台水庫的 54%，而石門水庫和翡翠水庫的有效蓄水量更是占北部的 91%。

台灣三大多功能水庫比較表

位置	水庫名稱	水系	建造年代	滿水位高度（公尺）	總蓄水量（百萬立方公尺）	年發電量（億度）
嘉義縣	曾文水庫	曾文溪上游大埔溪上	1967-1973	300 / 230 / 200 / 100 / 0	708	2.12
桃園市	石門水庫	大漢溪中下游	1956-1964	300 / 245 / 200 / 100 / 0	309	2.3
新北市	翡翠水庫	新店溪支流北勢溪上	1994-2009	300 / 200 / 170 / 100 / 0	406	2.22

全台混凝土壩體積最大的水庫——翡翠水庫

1980 年以前，為了解決大台北地區經常缺水的問題，而興建翡翠水庫，並附帶發電效益。與曾文和石門兩大水庫不同的是，翡翠水庫是完全由國人設計的混凝土拱壩，可承受震度七級地震。壩頂溢洪道設有 8 道閘門，並設有 3 座沖刷隧道開口於壩體中央，壩旁山體底部則另有排洪隧道。

翡翠水庫集水區依《都市計畫法》劃定為台北水源特定區，主要為台北全市供水，不過因為位於新北市，供水範圍也包含新北市新店、永和、中和、三重和汐止等區域。

台灣最早的多功能水庫——石門水庫

石門水庫是三大多功能水庫中最早興建的，主要的原因是大漢溪上游陡峻，無法涵蓄水源，使得下游各地區常遭水旱之苦，因此政府於 1956 年開始興建石門水庫。和曾文水庫一樣，為加強石門水庫防淤及排洪能力，也規劃於庫區中游阿姆坪興建「阿姆坪防淤隧道」，預計 2023 年初完工。

石門水庫小檔案

位置：桃園市大溪區、龍潭區、復興區與新竹縣關西鎮之間的石門峽谷

水壩類型：土石壩
壩高 133.1 公尺，壩頂長度 360 公尺
有效庫容：2 億 526 萬立方公尺

石門水庫是土石壩，是當時最大的建設工程，就水壩的高度來說，也是遠東最大的水利工程。

台灣的水庫大多設有風景區，你去過哪幾座水庫呢？

翡翠水庫小檔案

位置：位於新店溪支流北勢溪下游
水壩類型：混凝土拱壩
壩高 122.5 公尺，壩頂長度 510 公尺
有效庫容：3 億 3393 萬立方公尺

看不見的水庫 1 澎湖赤崁地下水庫

記者/卜方企

在台灣的 95 座水庫中,有一座非常特別、在地面上看不到的水庫,就是位於澎湖白沙鄉的赤崁地下水庫。

比起水庫或攔河堰,地下水庫攔截水流的堰體深埋於地下,無水庫淹沒區、無潰壩風險,不會改變河道地形地貌,是對環境影響較低的一種水庫。

台灣唯一的地下水庫

澎湖白沙赤崁地下水庫於 1985 年動工興建,1986 年完工。取水的方式是在集水區內設置淺水井及深水井,以抽水馬達等設施抽取,再經由輸送管線送至自來水廠處理。

總蓄水量為 659 萬噸,每年可提供 70 萬噸的公共用水,紓解馬公地區民生及農業用水的需求。

赤崁地下水庫

澎湖

地下水庫截水牆　防波堤

抽水井

澎湖白沙赤崁地下小檔案

水庫:集水面積 2.14 平方公里
　　　總蓄水量 659 萬立方公尺
　　　(含水層總體積)
壩型:地下截水牆

地下截水牆　抽水馬達

防潮海堤

淺水井　深水井　地下水

地下水庫截面圖

攔截地下水的水庫

澎湖降雨稀少，同時地形平坦，適合建造水庫的地點很少。為了解決民生用水及灌溉用水，1985 年，當時的台灣水利局，參考日本沖繩宮古島利用珊瑚地質興建水庫，在赤崁盆地利用珊瑚礁地質極佳的透水性，在盆地與海之間築設了一道深入地下 25 公尺、長 825 公尺、寬 0.55 公尺的截水牆，攔截並儲存滲入盆地珊瑚礁地質中的地下水。

集水區集水面積為 2.14 平方公里，區內種植多種植物，以增加地表積蓄雨水的容量，並提高水分滲入土壤的機會。

問題：海水入侵、淡水鹽化

地下水庫啟用 4 年後，就發現當地因為超抽地下水，擾動地下水層中淡水與海水間的平衡，導致海水入侵，淡水鹽化現象。之後為了延長水庫使用壽命，必須長期監測、控制水位，避免超抽地下水。

圖片來源／許祐愷

在截水牆與海岸間築有一道 825 公尺長的海堤，防止海浪將海水帶入截水牆內側的集水區。

地下水庫抽水設施
圖片來源／許祐愷

澎湖每年下雨少，地下水庫的水怎麼維持呢？

水庫建好後，得要年年監測和維護，才能讓地下水庫永續。

地下水庫設置條件

✓ 設置地點必須年雨量高

✓ 土壤必須透水性高，例如沙質土壤沖積平原或台地，雨水滲入土壤的水量較大

✓ 集水區地表必須有茂盛林木的森林，可以降低地表水流的速度，讓多一點水分滲入土壤

看不見的水庫 2 屏東大潮州人工湖

記者／卜方企

地底下還有一種水資源，經常存於岩石裂縫和土壤空隙中。例如在河道下方或側方的砂礫石層，經常有水流快速通道，這樣的水流我們稱為伏流水。只要利用地下堰體收集伏流水，也能像地面上的水庫一樣，貯存、調節水資源。

大潮州人工湖

湖泊類型：人工淡水湖、地下水補
　　　　　注湖
主要水源：地下水、伏流水，主要
　　　　　流入林邊溪、每天可補
　　　　　注 1000 萬立方公尺的地
　　　　　下水

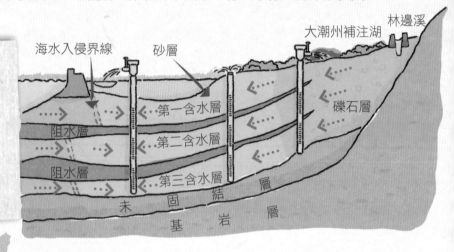

利用伏流水的地下水庫

屏東的大潮州人工湖就是利用伏流水的地下水庫代表。大潮州人工湖不是挖湖蓄水，而是將水引流到人工湖，快速滲入到地底成為地下水，並以林邊溪兩旁的沖積平原，作為地下蓄水空間，並撐起地下蓄水空間。這跟地面上的水庫可不同，平常這座人工湖見不到蓄水，只會把水滲漏到地底下喔！

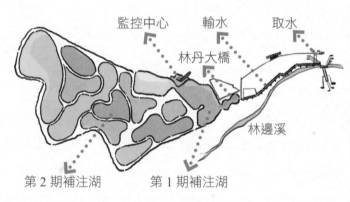

在冬天枯水期間，人工湖看不到湖水，其實水源已經儲存在地下了。

圖片來源／胡儀芬

＊什麼是伏流水？伏流水，是指河川及湖泊底部或側部砂礫層中所含的淺層地下水。簡單說，就是儲存在河床下的水源，也可以說是天然的地下水庫。

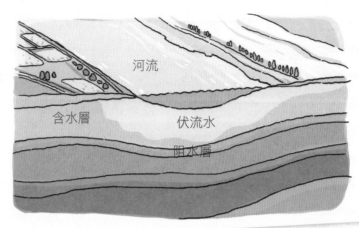

圖片來源／南區水資源局

高屏溪的伏流水利用

除了大潮州地下水庫，高屏溪沿岸也有利用伏流水的設施，以輻射井在河面下 50 公尺取用伏流水，既不會阻斷河水，也不會改變地形，豐水期每日可取用 15 萬立方公尺的水量，枯水期每日也可到 6 萬立方公尺，已經成為高屏地區十分重要的水資源。

溪埔伏流水
模場伏流水
興田伏流水 1
大泉伏流水
興田伏流水 2
竹寮取水站
九曲堂取水站
高雄
翁公園取水站　屏東
會結伏流水

伏流水地下水庫優點

- ✓ 增加水源供應
- ✓ 取水成本較低
- ✓ 減緩地層下陷
- ✓ 抑制海水入侵
- ✓ 提高防洪保護
- ✓ 美化環境

原來地底下還有這麼多水源可以利用！

水庫南北串連的任務

記者／卜方企

　　近年受到極端氣候影響，台灣有些地區水太多，有些地區又遭遇乾旱時，大家紛紛建議北水南送，或是南水北送，以支援缺水的地區。這個狀況越來越頻繁，專家提出把大水庫的水拿來支援小水庫，讓北中南地區的水資源可以平均分配。這是什麼意思呢？難道水庫的水可以移到別的水庫裡嗎？

任務一：鯉魚潭北送苗栗

　　新竹和苗栗因為新竹科學園區的關係，用水需求比較大，在民國107年計畫從鯉魚潭開鑿1.4公里的隧道，將水源供給延伸到竹南、苗栗，民國111年5月完工，每日可提升苗栗的供水量達12萬噸。

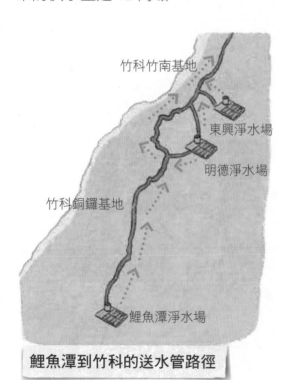

鯉魚潭到竹科的送水管路徑

任務二：大安大甲溪聯通管

中部地區水源主要來自大甲溪及大安溪，在石岡壩及鯉魚潭水庫間打造聯通管，將兩條溪水串聯起來，當一邊水量下降，另一邊就能救援。預計 115 年完工，可日增 25.5 萬噸的供水量。

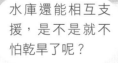

原來常常聽到南水北送是這個意思。

水庫還能相互支援，是不是就不怕乾旱了呢？

任務三：曾文和南化水庫聯通管

曾文水系和南化水庫原是兩套供水路徑。高雄缺乏大型水庫，大部分的用水來自河川，只要運用聯通管，串聯曾文水庫、南化水庫及高屏攔河堰，管路最大輸水設計為每日 80 萬噸。每年 11 月起到 4 月的枯水期，如果降雨不如預期，台南、嘉義陸續亮起水情燈號時，就可以進行「送水」的支援。

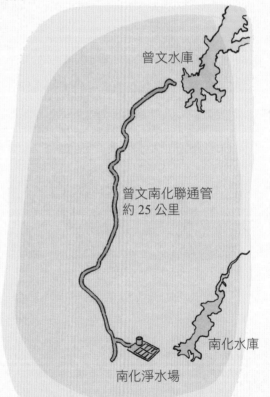

＊ 台灣 95 座水庫，只要能串聯，就能靈活調度。不過必須考量台灣中央高、北南低的地勢，還要酌量降雨分布、水往低處流的特性，才能聯合運用，讓水資源調度更具彈性。

古代的蓄水大壩

記者/卜方企

不知自何時、何處，人們把河川圍起來，以便蓄水調度，被圍起來的範圍和設施就稱為「水庫」，把水攔蓄的結構體就稱為「壩」。在混凝土還沒有發明前，大多數的古代水壩都是利用自然地勢，以礫石和磚石建造的簡單重力壩。

只剩遺跡的大壩

雖然古人明白，壩越高，能蓄的水越多，但是壩體所受的壓力會越高，面臨潰壩的風險也越高。在西元 1000 年以前，壩高能超過 30 公尺的壩還是鳳毛麟角。較著名的其中一座是 1 世紀中葉，建於義大利的蘇比亞科大壩（Subiaco Dam），壩高約 50 公尺，至 1305 年被意外破壞為止，一直沒有其他水壩能超越它的高度。

目前發現最古老的水壩遺跡是約旦的賈瓦（Jawa Dam），大約是西元前 4 世紀晚期，為了防止山洪爆發所建。

圖片來源／維基百科 Flycatchr

至今仍在使用的水壩——霍姆斯湖水壩

至今少數仍在使用的古老大壩，較知名的為大約 1300 年完工，在敘利亞的霍姆斯湖水壩，這座磚石重力壩，壩長超過 1609 公尺，壩高約 7 公尺，形成的霍姆斯湖，至今仍能供水。

圖片來源／達志影像

大壩不是隨便叫的！

＊國際大壩委員會（ICOLD）有明確規範，高度 15 公尺以上，或高度 5～15 公尺，且水庫容量大於 300 萬立方公尺的攔河建築物，才能稱為大壩。

從高空中可見到左下敘利亞的霍姆斯湖，也叫做卡蒂娜湖，是古代羅馬人興建水庫而形成的。

都江堰是距今兩千多年前所建造。整個水利工程可分為堰首和灌溉水網兩大系統，其中堰首包括魚嘴（分水工程）、飛沙堰（溢洪排砂工程）、寶瓶口（引水工程）三大主體工程。

沒有高聳大壩的水利工程──都江堰

　　為了集水、引水，人們也會修建一種能抬高水位的障礙設施，規模比水壩小的「堰」，最著名的是距今 2000 多年前，中國四川為了灌溉而修建的都江堰。

　　利用地形、地勢使岷江江水經過魚嘴時，使江水依照比例，分成用於灌溉的內江，和走洪水的外江。

　　內江水要流入寶瓶口之前會經過飛砂堰，這裡修建有彎道，內江江水流到這裡會形成環流，超過寶瓶口流量上限的內江水和砂石，因為離心力的作用而漫過飛砂堰，再流入外江。引水區裡的灌溉水網既有足量清水，又不會受到洪水的威脅。

拱壩霸主──胡佛大壩

記者／卜方企

　　水壩出現重力壩、拱壩等形式，是西元前 1 世紀，羅馬帝國為了統治乾旱的疆域而發展出來的。羅馬人在法國建造高 12 公尺、長 18 公尺的格雷能壩（Glanum Dam），是最早的拱壩。這座拱壩於 1763 年被發現，不幸的是，1891 年又建了新的大壩，取代古老結構，遺跡因此消失了。

　　雖然古人早知道比起重力霸，拱壩的結構更強。但拱壩的設計和施工技術，到了 20 世紀初才有很大的進步。其中美國的胡佛壩（Hoover Dam）則是現代拱壩的代表作。

胡佛大壩是美國建築工程的七大奇蹟之一，也是近代拱壩技術的代表作。

圖片來源／維基百科

重力霸、拱壩比一比

重力霸

靠大霸的重量來承受水壓，通常呈現三角形或直角三角形。有使用混凝土，也有使用土石堆砌。

拱壩

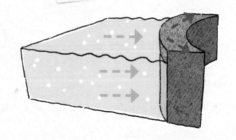

凸向上游的曲形大霸，把水的壓力分散到河谷兩岸。

當時在峽谷中建造大霸非常艱鉅，工程期間有 112 位人員罹難，共花費 4900 萬美元。

圖片來源／維基百科

主要用作發電的水壩

胡佛大壩是 1931 ～ 1935 年，當時的美國總統為了刺激國內經濟發展，繁榮西南部，動用 5000 多人在科羅拉多河黑峽谷河段而興建的拱壩，被譽為「沙漠之鑽」，也成了美國最大的水壩。建成之時為當時世界上最大的混凝土結構和發電設施，形成的米德湖，則是西半球最大的人工湖。除了供水和防洪外，興建水壩最主要的目的是，它的水力發電能提供 40 億千瓦時的電力，可供 150 萬人使用！

發電方式

科羅拉多河原本就是很深很湍急的河流，胡佛大壩把河水攔截後，形成更深的湖，湖水通過進水塔，以每小時 140 公里的速度經過逐漸變窄的管道到達渦輪機，帶動渦輪機轉動發電。

胡佛大霸小檔案

位置：位於美國內華達州及亞歷桑納州之間的科羅拉多河上
霸型：混凝土重力拱壩
高度：221.4 公尺
長度：379 公尺
發電機：19 部

要是我住在這裡，會喜歡胡佛大霸嗎？

胡佛大霸興建後的改變

* 河水不再淹水
* 變成旅遊景點，吸引很多觀光客
* 發電可供應三個州的居民使用
* 河水不再流到河口，河口水的鹽分很高，下游的動植物生活不易
* 原本峽谷的生態不見了，變成了湖泊

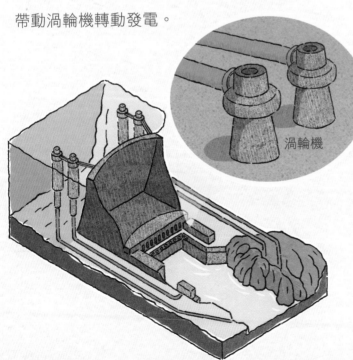

渦輪機

世界建築規模最大的水利工程──三峽大壩

記者／卜方企

　　三峽大壩位於中國長江三峽,會建這個大壩和長江的洪水有關。從有歷史記載以來,長江發生過2百多次洪災,平均10年發生一次,尤其若是上中下游一併發生洪水,洪水重疊,都會造成大量的人員傷亡、財產損失。為了解決這個問題,不得不在中上游選址建大壩防洪。

長江流域圖

合肥　南京　上海　三峽大壩　武漢　宜昌　重慶　岳陽　九江　宜賓　洞庭湖　鄱陽湖

興建大壩,支持和反對者都有

　　1944年工程團隊就開始勘探、選址,因為戰爭而中斷,到了1970年代再度勘探、選址,但過程並不順利,直到1994年,各方達成共識才終於舉行了開工典禮,2009年完工。

支持者

建壩這方選定三峽最主要的原因是它的位置,在長江的上游和中游的分界處,可以蓄水又能調節洪水。長江雖可行船,但上游地區地勢高低 落差大,行船不易,建壩就能改善上游地區的航運條件。而且地勢落差大,代表水能源豐富,可以用水力發電。

反對者

認為費用巨大、防洪有限,還有泥沙淤積,航運、發電、移民等的安全問題困難重重,還會破壞長江的生態,若無法改善,不如不建。

三峽大壩的紀錄

　　三峽大壩建成後，創了許多紀錄：它有洩洪能力最大的洩洪閘、世界上總水位最高的內河船閘，以及世界上規模最大、難度最高的升船機。運用 3 萬多噸的大水箱當作船舶的超級電梯，承載船舶，整個水箱被垂直升降，這樣船舶便能克服在高低落差大的地方航行的問題，是翻越三峽大壩的快速通道。

　　量壩體的軸心線長度，全長 2308 公尺，用來調節洪水的泄流壩段長 483 公尺，水電站機組 70 萬千瓦有 26 台，每年可生產 847 億度的電力，是世界最大的水電站，這些紀錄使它成為世界上建築規模最大的水利工程。

蓋大壩到底是好還是不好呢？

＊三峽大壩淹沒的區域，涵蓋湖北省與四川省重慶等地共 20 個縣市、140 多個城鎮、約 1300 多個村莊，由於土地被淹沒而被迫遷移的總人數高達 113 萬人；36 萬畝的耕地與 1200 多處古蹟沉入水底。

我家用水大調查

現在我們知道，台灣的水來自河流、地下，以及貯存在水庫，但這些水是如何來到我們的家裡呢？原來還得經過好幾道關卡，把水去除雜質並消毒，再通過配水管線才來到我們家的水塔，或是附近的配水池。

水費這麼便宜，會不會變得不珍惜用水呢？

台灣已經是缺水國家，平常一定要節約用水！

貯存水源不容易，淨水的過程也十分繁複，但是台灣的水費在全球排名可是數一數二的便宜。根據 2021 年國際水協會的調查，台灣平均水價為 1 度 9.24 元，全球平均水價則為 1 度 38.54 元。你知道你家每個月的用水量是多少嗎？一起來調查看看吧！

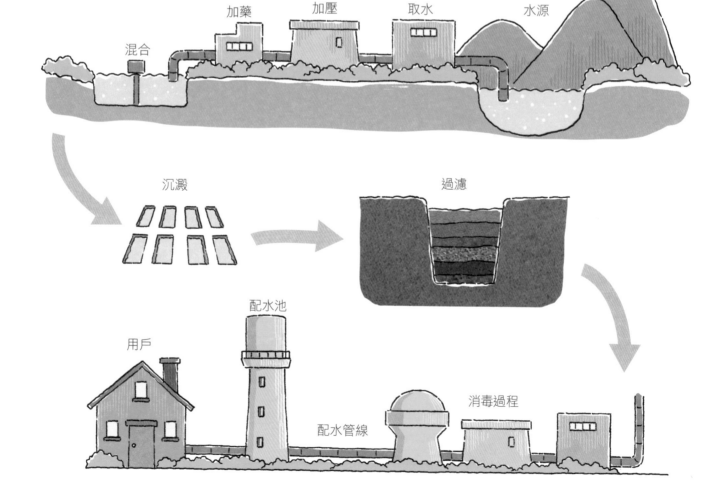

動腦時間

★ 我家這個月的水費：＿＿＿＿＿＿元，＿＿＿＿＿＿度

（水費的計算方式：實際用水度數 x 每度單價；採累進差額，也就是用水越多，每度單價會越貴）

★ 我家的供水單位：＿＿＿＿＿＿

★ 我家的水表在哪裡：＿＿＿＿＿＿

★ 我家什麼時候使用水：（寫下來或畫下來）

★ 我家節省水的方式：（寫下來或畫下來）

用水小常識

1　水費＝基本費＋用水費＋清除處理費＋水源保育與回饋費

2　1 度水 =1 公噸 =1000 公升 =2000 瓶 500cc 的寶特瓶水

3　水費也會開發票，在水費單上可以看到發票號碼哦！